FORSCHUNGSBERICHTE DES LANDES NORDRHEIN-WESTFALEN

Nr. 2289

Herausgegeben im Auftrage des Ministerpräsidenten Heinz Kühn
vom Minister für Wissenschaft und Forschung Johannes Rau

Prof. Dr.-Ing. habil. Wilhelm Anton Fischer
Dr.-Ing. Dieter Janke

Max-Planck-Institut für Eisenforschung

Die Anwendbarkeit von ZrO_2-Y_2O_3-, ZrO_2-CaO- und ThO_2-Y_2O_3-Festelektrolyten bei 1000 bis 16oo °C

Springer Fachmedien Wiesbaden GmbH

ISBN 978-3-531-02289-5 ISBN 978-3-663-06805-1 (eBook)
DOI 10.1007/978-3-663-06805-1

Ursprünglich erschienen bei Westdeutscher Verlag, Opladen 1972
Gesamtherstellung: Westdeutscher Verlag

Inhalt

1. Einleitung

Mischoxide auf der Basis des Zirkon- und Thoriumoxids werden in zunehmendem Maße als Festelektrolyte in Hochtemperaturzellen zur Bestimmung des Sauerstoffpotentials in Gasen, sauerstoffhaltigen Metallschmelzen und festen Oxiden sowie in Hochtemperaturzellen zur Erzeugung elektrischer Energie verwendet. In beiden Fällen wird gefordert, daß die Festelektrolyte bei hohen Temperaturen eine überwiegende Sauerstoffionenleitung aufweisen und ausreichend gasdicht sind. In Hochtemperatur-Brennstoffzellen sollten Festelektrolyte mit einer möglichst hohen elektrischen Leitfähigkeit zur Sicherung einer bestimmten Stromausbeute eingesetzt werden. In Sauerstoffmeßzellen dagegen ist die Größe der elektrischen Leitfähigkeit nicht von ausschlaggebender Bedeutung für die Durchführung der Messungen.

W. Nernst (1) erbrachte zuerst den Nachweis, daß Mischoxide aus ZrO_2 und Y_2O_3 als Leiter zweiter Klasse zu betrachten sind. Ihre elektrische Leitfähigkeit nimmt mit steigender Temperatur zu und erreicht bei 1600°C Werte bis annähernd 1 $Ohm^{-1}cm^{-1}$ (2, 3). Die elektrische Leitfähigkeit des reinen Zirkonoxids beträgt demgegenüber bei 1600°C $2 \cdot 10^{-3}$ $Ohm^{-1}cm^{-1}$ (4). Auch Mischoxide aus ZrO_2 und CaO (2, 4 bis 8) sowie ThO_2 und Y_2O_3 (9, 10) zeigen ein ähnliches Leitfähigkeitsverhalten und erreichen bei 1600°C Leitfähigkeitswerte zwischen 10^{-1} und 1 $Ohm^{-1}cm^{-1}$.

Schon frühzeitig wurde erkannt, daß das beschriebene Leitfähigkeits-Temperatur-Verhalten kennzeichnend für ionenleitende Stoffe ist und in den Mischoxiden von ZrO_2 und ThO_2 einer überwiegenden Sauerstoffionenleitung entspricht. Auf dieser Ionenleitung beruht die Beobachtung, daß sich gasförmiger Sauerstoff durch einen glühenden Probenstab von der Seite eines höheren Partialdrucks auf die Seite eines niedrigeren Partialdrucks elektrolytisch überführen läßt (11). Der Einsatz moderner Untersuchungsmethoden bestätigt diese Beobachtung. Mit Hilfe eines Massenspektrometers konnten J.L. Weininger und P.D. Zemany (12) an Proben aus 85 Mol-% ZrO_2 und 15 Mol-% Y_2O_3 zeigen, daß bei Stromdurchgang anodisch Sauerstoff entwickelt wird und somit Sauerstoffionen durch das Y_2O_3-stabilisierte Zirkonoxid transportiert werden.

Nach C. Wagner (13) erfolgt diese Wanderung der Sauerstoffionen über Leerstellen im fehlgeordneten Anionenteilgitter, die beim Einbau der Fremdoxide in das Wirtsoxid entstehen:

$$Y_2O_3 \rightleftharpoons 2Y|Zr|' + |O|^{\cdot\cdot} + 2\ ZrO_2 \tag{1}$$

$$CaO \rightleftharpoons Ca|Zr|'' + |O|^{\cdot\cdot} + ZrO_2 \tag{2}$$

$$Y_2O_3 \rightleftharpoons 2Y|Th|' + |O|^{\cdot\cdot} + 2\ ThO_2 \tag{3}$$

Messungen der Selbstdiffusionskoeffizienten von Sauerstoff (6), Zirkon und Kalzium (14) an einem Mischoxid aus 85 Mol-% ZrO_2 und 15 Mol-% CaO mit Hilfe radioaktiver Isotope ergaben für die Sauerstoffionen um 2 bis 4 Größenordnungen höhere Beweglichkeiten als für die Kationen. Diese hohe Beweglichkeit der Sauerstoffionen bzw. Sauerstoffionenleerstellen wird trotz des großen Sauerstoffionenradius (O^{2-} 1,30, Ca^{2+} 1,10, Zr^{4+} 0,92 Å) durch die Raumverhältnisse im Fluoritgitter der beschriebenen Mischoxide ermöglicht (15). Während im Fluoritgitter des ZrO_2-CaO-Mischoxids die Zr^{4+}- und Ca^{2+}-Ionen den flächenzentrierten Elementarwürfel bilden, belegen die Sauerstoffionen die Raummitten der Achterteilwürfel und können leicht durch die Flächenmitten der Kationentetraeder auf einen benachbarten leeren Sauerstoffplatz gelangen.

Die Kristallstruktur fester Lösungen von Y_2O_3 und CaO in ZrO_2 (16, 17) und von Y_2O_3 in ThO_2 (18) wurde zuerst von F. Hund und Mitarbeitern röntgenographisch untersucht. Die Konzentration der Sauerstoffionenleerstellen wurde aus dem Vergleich von pyknometrisch bestimmten Dichten und aus den Gitterkonstanten errechneten theoretischen Dichten ermittelt. Eine Übersicht verschiedener Untersuchungen von ZrO_2-Fluoritphasen geben in einer neueren Arbeit W. Baukal und R. Scheidegger (19). Hiernach sind ZrO_2-Y_2O_3-Fluoritphasen in einem Bereich von 10 bis 50 Mol-% Y_2O_3 und ZrO_2-CaO-Fluoritphasen in einem Bereich von 10 bis 20 Mol-% CaO beständig. Der Existenzbereich der Fluorit-Mischphase im System ThO_2-Y_2O_3 reicht nach F. Hund (18) von 0 bis 30 Mol-% Y_2O_3.

2. Nachweis der Ionenleitfähigkeit

Für den Nachweis der Ionenleitfähigkeit fester Oxide und Mischoxide bei hohen Temperaturen eignen sich zwei Meßverfahren:

a) Die Messung der elektromotorischen Kräfte an einer Sauerstoffkonzentrationskette;

b) die Messung der elektrischen Leitfähigkeit in Abhängigkeit vom Sauerstoffpartialdruck der Atmosphäre.

a) Verwendet man ein sauerstoffionenleitendes Oxid als Festelektrolyt in einer Sauerstoffkonzentrationskette der Form

$$\text{Pt, } O_2\ (P_{O_2}^{I})\ \|\ \text{Festelektrolyt}\ \|\ O_2\ (P_{O_2}^{II}),\ \text{Pt},$$

so wird, den Vorstellungen von C. Wagner (13) entsprechend, bei Stromfluß Sauerstoff auf der Seite I des höheren Partialdrucks nach der Gleichung

$$\frac{1}{2}\, O_2\ (I) + |O|^{-} + 2\, e' \rightleftharpoons O|O| \qquad (4)$$

in das Oxid eingebaut, auf der Seite II des niedrigeren Partialdrucks nach der Gleichung

$$O|O| \rightleftharpoons \frac{1}{2}\, O_2\ (II) + |O|^{-} + 2\, e' \qquad (5)$$

aus dem Oxid ausgebaut.

Formal gleichbedeutend sind: Der Verbrauch von Überschußelektronen und die Erzeugung von Defektelektronen beim Einbau des Sauerstoffs sowie die Erzeugung von Überschußelektronen und der Verbrauch von Defektelektronen beim Ausbau des Sauerstoffs aus dem Oxid. Die an den Reaktionen (4) und (5) beteiligten Elektronen bewegen sich bei Stromfluß über den äußeren geschlossenen Stromkreis zur Seite des höheren Sauerstoffdrucks hin.

Die an der Sauerstoffkette meßbare EMK folgt dem von C. Wagner (20) formulierten Ansatz

$$E = \frac{RT}{4F} \int_{P_{O_2}^{II}}^{P_{O_2}^{I}} t_{Ion} \, d \ln P_{O_2}, \qquad (6)$$

der im Fall einer reinen Ionenleitung ($t_{Ion} = 1$) die vereinfachte Form

$$E = \frac{RT}{4F} \ln \frac{P_{O_2}^{I}}{P_{O_2}^{II}} \qquad (7)$$

annimmt. Liegt eine Ionenteilleitfähigkeit vor, so wird eine verminderte Zellspannung E* gmessen, und die vom Sauerstoffpartialdruck und der Temperatur abhängige Überführungszahl der Ionen

$$t_{Ion} = \frac{4F}{RT} \cdot \frac{dE}{d \ln P_{O_2}} \qquad (8)$$

kennzeichnet das Verhältnis von Ionen- und Elektronenleitfähigkeit des Elektrolyten. Bei geringer Abweichung der gemessenen Zellspannung E* von der für reine Ionenleitung berechneten Zellspannung E kann die mittlere Überführungszahl der Ionen mit guter Näherung als das Verhältnis

$$\bar{t}_{Ion} = \frac{E^*}{E} \qquad (9)$$

angegeben werden.

b) Die Messung der elektrischen Leitfähigkeit bei Änderungen des Sauerstoffpartialdrucks der Atmosphäre gibt über den Vorrang einer Ionen- oder Elektronenleitung in Oxiden Aufschluß. Dabei ist zu beachten, daß eine ausschließliche Ionenleitfähigkeit in einem Festelektrolyten nur als Idealfall denkbar ist. Die elektrische Leitfähigkeit eines Festelektrolyten ist stets die Summe ionischer und elektronischer Leitungsanteile

$$\kappa = \kappa_{Ion} + \kappa_{Elektron} \qquad (10)$$

In sauerstoffionenleitenden Fluoritphasen ist die Ionenleitfähigkeit κ_{Ion} aufgrund einer Fremdfehlordnung durch die Konzentration der Fremdkationen bestimmt und damit innerhalb bestimmter Grenzen unabhängig vom Sauerstoffpartialdruck der umgebenden Gasphase. Sie liegt in diesem Bereich um Größenordnungen über den elektronischen Teilleitfähigkeiten $\kappa_{e'}$ und $\kappa_{e^\bullet}$ und ist somit annähernd gleich der Gesamtleitfähigkeit des Elektrolyten.

Die Teilleitfähigkeiten der Überschußelektronen ($\kappa_{e'}$) und der Defektelektronen ($\kappa_{|e|^\bullet}$) sind jedoch vom Sauerstoffpartialdruck der Atmosphäre abhängig, wie sich durch Anwendung des Massenwirkungsgesetzes auf die Fehlordnungsgleichgewichte (4) und (5) zeigen läßt:

$$\kappa_{e'} = k_1 \cdot P_{O_2}^{-\frac{1}{4}} \qquad (11)$$

$$\kappa_{|e|^\bullet} = k_2 \cdot P_{O_2}^{\frac{1}{4}} \qquad (12)$$

Abb. 1 veranschaulicht diese Zusammenhänge in schematischer Darstellung. Bei sehr niedrigen Sauerstoffdrücken ist die Teilleitfähigkeit der Überschußelektronen, bei hohen Sauerstoffdrücken dagegen die Teilleitfähigkeit der Defektelektronen annähernd gleich der Gesamtleitfähigkeit (Abb. 1a). Dementsprechend erreicht die Überführungszahl der Ionen

$$t_{Ion} = \frac{\kappa_{Ion}}{\kappa_{Ion} + \kappa_{e'} + \kappa_{|e|^\bullet}} \qquad (13)$$

im Bereich der überwiegenden Ionenleitung nahezu den Wert und fällt in den Bereichen der vorherrschenden Überschußelektronenleitung (n-Leitung) und Defektelektronenleitung (p-Leitung) zu geringeren Werten ab (Abb. 1b).

3. Zielsetzung der Arbeit

Die vorherrschende Ionenleitfähigkeit der untersuchten ZrO_2-Y_2O_3-, ZrO_2-CaO- und ThO_2-Y_2O_3-Festelektrolyte ist bei mittleren Anwendungstemperaturen zwischen 800 und 1200 °C in weiten Grenzen des Sauerstoffdrucks sowohl durch EMK-Messungen als auch durch Aufnahme von Leitfähigkeit-Sauerstoffdruck-Isothermen nachgewiesen. Aufgrund des bisher vorliegenden Schrifttums lassen sich bei einer Temperatur von 1000 °C etwa folgende Anwendungsbereiche festlegen:

a) Für ZrO_2-Y_2O_3-Elektrolyte $P_{O_2} \ll 10^{-15}$ bis $P_{O_2} \geq 1$ atm (21);

b) für ZrO_2-CaO-Elektrolyte $P_{O_2} = 10^{-25}$ bis $P_{O_2} \geq 1$ atm (21,22)

c) für ThO_2-Y_2O_3-Elektrolyte $P_{O_2} = 10^{-25}$ bis

$P_{O_2} = 10^{-6}$ atm (21 bis 24).

Die Angaben lassen eine deutliche Einschränkung der Anwendungsmöglichkeiten von ThO_2-Y_2O_3-Elektrolyten bei Sauerstoffpartialdrücken über 10^{-6} atm erkennen.

Wesentlich für die Anwendung in der Hochtemperatur-Metallurgie ist jedoch das Leitungsverhalten der untersuchten Festelektrolyte bei höheren Temperaturen zwischen 1200 und 1600°C. Obwohl für diesen Temperaturbereich bereits ein umfangreiches Schrifttum über EMK-Messungen an Festelektrolytzellen vorliegt, sind die hier besonders interessierenden unteren Grenzdrücke der vorherrschenden Sauerstoffionenleitung noch nicht mit ausreichender Sicherheit bestimmt. Der Grund dieser Unsicherheit mag in den bei hohen Temperaturen vermehrten experimentellen Schwierigkeiten der EMK-Messungen zu suchen sein. So müssen Abweichungen der gemessenen von der für reine Ionenleitung berechneten EMK nicht unbedingt das Einsetzen einer zusätzlichen Elektronenleitfähigkeit anzeigen. Eine EMK-Erniedrigung der Festelektrolytzelle kann auch durch den Transport von nichtionisiertem oder ionosiertem Sauerstoff durch den Elektrolyten von der Seite des höheren zur Seite des niedrigeren Sauerstoffpotentials bewirkt werden (25 bis 32). Wird gegen eine feste Metalloxid-Metall-Elektrode gemessen, so kann sich auf dem Metalloxid-Metall-Gemenge eine vollständig oxydierte Oberflächenschicht bilden. Die Einstellung des Sauerstoffgleichgewichtsdruckes im Metalloxid-Metall-Gemenge wird dann möglicherweise durch den langsam verlaufenden Diffusionsausgleich gehemmt. Gleichzeitig können auch Reaktionsschichten das Sauerstoffpotential zwischen Festelektrolyt und fester Elektrodensubstanz verändern.

Im Hinblick auf die erwähnten Schwierigkeiten wurde in der vorliegenden Arbeit der Versuch unternommen, die Sauerstoffionenleitfähigkeit von ZrO_2-Y_2O_3-, ZrO_2-CaO- und ThO_2-Y_2O_3-Elektrolyten bei hohen Temperaturen bis 1600°C sowohl über EMK-Messungen als auch über Leitfähigkeitsmessungen zu untersuchen. Die Messungen wurden in einem weiten Bereich des Sauerstoffpartialdrucks der Gasphase durchgeführt. Das besondere Interesse der Untersuchungen galt dem Verhalten der Elektrolyte bei sehr niedrigen Sauerstoffpartialdrücken, wie sie in Eisen- und Stahlschmelzen vorliegen. Abb. 2 zeigt die Sauerstoffpartialdrücke reiner Eisenschmelzen in Abhängigkeit vom Sauerstoffgehalt bei 1550 bis 1750°C (33). Zur elektrochemischen Messung der Sauerstoffaktivität solcher Schmelzen sollten die verwendeten Festelektrolyte bei Sauerstoffpartialdrücken zwischen 10^{-8} und 10^{-12} atm eine überwiegende Ionenleitung aufweisen.

4. Versuchsdurchführung

4.1 EMK-Messungen

Als Festelektrolyte wurden Mischoxide folgender Zusammensetzung verwendet:

a) ZrO_2 mit 17% Y_2O_3 (10 Mol-% Y_2O_3)
der Firma Zircoa Corporation of America;

b) ZrO_2 mit 6% CaO (12 Mol-% CaO)
der Firma Degussa, Frankfurt;

c) ThO_2 mit 5% Y_2O_3 (8,1 Mol-% Y_2O_3)
der Firma Zircoa Corporation of America.

Die EMK-Messungen wurden an Gaskonzentrationsketten der Form

$$\text{PtRh - Luft} \| \text{Festelektrolyt} \| H_2O, H_2 \text{ - Ir}$$

bei Temperaturen von 1000, 1200, 1400 und 1600°C im Tammannofen durchgeführt. Abb. 3 zeigt schematisch die schon früher benutzte Meßanordnung (33, 34). Als Festelektrolyte wurden einseitig geschlossene Rohre mit einem Außendurchmesser von 6,5 bis 9 mm und einem Innendurchmesser von 4,5 bis 7 mm verwendet. Als äußerer Zuleitungsdraht wurde der Plusschenkel eines PtRh 18-Thermoelements (70% Pt, 30% Rh) fest um das untere Ende des Elektrolytrohres gewickelt, das mit einer porösen Sintermasse verkleidet war. Der Ofenraum wurde von unten durch einen Luftstrom von 85 l/h gespült. Die gewählte Platin-Luft-Vergleichselektrode bietet den Vorteil eines eindeutigen, temperaturunabhängigen Sauerstoffpotentials, schließt jedoch die Möglichkeit einer Gasdiffusion durch den Elektrolyten nicht aus.

Zur Einleitung der Wasserdampf-Wasserstoff-Gemische in die Meßzelle wurde ein Korundrohr in das Elektrolytrohr eingeschoben. Durch das Korundrohr wurde der innere Zuleitungsdraht aus Iridium geführt und am Boden in poröses Zirkonoxid eingesintert. Die Wasserdampf-Wasserstoff-Gemische wurden durch Einleiten von nachgereinigtem Wasserstoff (18 l/h) in ein beheiztes Wasserbad hergestellt, dessen Temperatur zwischen 0 und 100°C regelbar war. Der Iridiumdraht hält dem Angriff des Wasserstoffs bei hohen Temperaturen stand und besitzt, gegen den äußeren Pt-Rh-18-Draht gemessen, zwischen 1000 und 1600°C nur eine sehr geringe Thermospannung von 0,3 bis 1 mV (31).

Nach der Einstellung einer konstanten Zellentemperatur wurde die EMK mit fortlaufender Erhöhung der Wasserbadtemperatur, d. h. mit zunehmendem Verhältnis p_{H_2O}/p_{H_2} im Gasgemisch, aufgezeichnet. Die Zellspannung wurde stromlos mit einem hochohmigen Digitalvoltmeter gemessen und die Zellentemperatur mit einem PtRh 18-Thermoelement unmittelbar neben dem Festelektrolytrohr ermittelt.

4.2 Messungen der elektrischen Leitfähigkeit

Die Bestimmung der elektrischen Leitfähigkeit wurde an gesinterten zylindrischen Proben des gleichen Materials mit einer Länge von 6 mm und einem Durchmesser von 5 bis 8,5 mm ausgeführt. Abb. 4 gibt eine Skizze des Versuchsaufbaus wieder. Die an den Stirnflächen plangeschliffene Probe befindet sich in einem unten geschlossenen Rohr aus rekristallisierter Tonerde zwischen zwei Platin-Rhodium-Blechen, an die Iridium-Kontaktdrähte angeschweißt wurden. Diese Iridiumdrähte werden durch Korundrohre geführt, die gleichzeitig als Einleitungsrohre für die verwendeten Mischgase dienen. Die Kontaktbleche sind auf beiden Seiten mit zylindrischen Scheiben aus dem gleichen Probenmaterial belegt. Auf die senkrecht stehende Probenkombination wird mit Hilfe eines beweglichen Korundstabes ein leichter Druck ausgeübt, der einen ausreichenden Kontakt zwischen der Probe und den Platin-Rhodium-Blechen gewährleistet.

Die elektrischen Widerstände der Proben wurden mit der Zwei-Pol-Methode durch eine Spannungsvergleichsmessung an der Probe und einem Schichtwiderstand bekannter Größe ermittelt (35). Zur Spannungsmessung diente ein Breitband-Spannungsmesser mit einem Meßbereich von 1 mV bis 100 V und einem Frequenzbereich von 0,02 bis 250 kHz. Über einen Hochfrequenzgenerator wurde eine Spannung von 10 V angelegt. Um Kontaktwiderstände in Form von Kapazitäten zwischen der Probe und den Platin-Rhodium-Blechen möglichst auszuschalten, wurde eine Meßfrequenz von 50 kHz gewählt. Die Auftragung des Widerstandes einer ZrO_2-CaO-Probe über der Meßfrequenz in Abb. 5 zeigt bei Frequenzen über 50 kHz einen horizontalen Verlauf und deutet daraufhin, daß in diesem Bereich der wahre Probenwiderstand gemessen wird. Der Widerstand der Edelmetall-Zuleitungen wurde in einem Kurzschlußversuch zwischen 1000 und 1600°C zu 1,19 bis 1,44 Ohm bestimmt und vom gemessenen Gesamtwiderstand abgezogen. Die elektrische Leitfähigkeit κ der Proben ergibt sich aus dem elektrischen Widerstand R, der Probenlänge l und dem Probenquerschnitt q zu

$$\kappa = \frac{1}{R} \cdot \frac{l}{q} \quad [\mathrm{Ohm}^{-1}\mathrm{cm}^{-1}].$$

Zur Einstellung verschiedener Sauerstoffpartialdrücke in der Gasatmosphäre wurden im Bereich zwischen 0,2 und 10^{-5} atm Luft-Stickstoff-Gemische, bei kleineren Partialdrücken bis 10^{-19} atm H_2-CO_2-Gemische verwendet. Die Herstellung dieser Gasgemische mit Hilfe von Gasmischpumpen und die thermodynamische Berechnung der Sauerstoffgleichgewichtsdrücke der H_2-CO_2-Gemische wird in einer folgenden Arbeit eingehend beschrieben (36).

5. Ergebnisse und Diskussion

In den Abb. 6, 7 und 8 sind die Zellspannungen der Gas-Festleiter-Ketten

a) PtRh-Luft || ZrO_2 (+17% Y_2O_3) || H_2O,H_2-Ir,

b) PtRh-Luft || ZrO_2 (+ 6% CaO) || H_2O,H_2-Ir,

c) PtRh-Luft || ThO_2 (+ 7% Y_2O_3) || H_2O,H_2-Ir

bei 1000 bis 1600°C in Abhängigkeit vom Sauerstoffpartialdruck der H_2O-H_2-Gasmischung dargestellt. Alle Spannungen beziehen sich auf den Sauerstoffvergleichsdruck der Luft. Die Sauerstoffpartialdrücke der H_2O-H_2-Gasmischungen wurden bei jeder Meßtemperatur um 4 bis 6 Zehnerpotenzen variiert und bewegen sich zwischen 10^{-7} und 10^{-11} atm bei 1600°C und 10^{-13} und 10^{-19} atm bei 1000°C. Sie wurden in einer früheren Arbeit aus EMK-Messungen an der Festelektrolytzelle (b) über den Ansatz

$$\lg P_{O_2}^{H_2O,H_2} = \lg P_{O_2}^{Luft} - \frac{4F}{2.303RT} \cdot E \qquad (14)$$

für Wasserbadtemperaturen von 5 bis 95°C und Meßzellentemperaturen von 1000 bis 1600°C berechnet (34).

Die in Abb. 6, 7 und 8 eingezeichneten Geraden beschreiben die für Festelektrolyte mit überwiegender Sauerstoffionenleitung gültigen Abhängigkeiten. Die an den Ketten (a), (b) und (c) gemessenen EMK-Werte decken sich bei 1000°C im gesamten untersuchten Sauerstoffdruckbereich, bei Temperaturen über 1200°C dagegen nur bei höheren Sauerstoffdrücken $P_{O_2}^{H_2O,H_2}$ mit den eingezeichneten Geraden und bestätigen hier eine vollständige Ionenleitung. Negative Abweichungen gegenüber den Zellspannungen für eine vollständige Ionenleitung ergeben sich, wenn der Sauerstoffpartialdruck $P_{O_2}^{H_2O,H_2}$ bestimmte Grenzwerte unterschreitet. Diese betragen für die Kette (b) $10^{-12,5}$ atm bei 1400°C und $10^{-9,7}$ atm bei 1600°C sowie für die Ketten (a) und (c) 10^{-14} atm bei 1200°C, $10^{-10,5}$ atm bei 1400°C und 10^{-8} atm bei 1600°C. Eine kritische Betrachtung dieser Ergebnisse muß jedoch zunächst die Frage offen lassen, ob diese Sauerstoffgrenzdrücke mit dem Auftreten einer spürbaren Elektronenleitfähigkeit zu erklären sind.

Weiteren Aufschluß über die Ionenleitfähigkeit der untersuchten Festelektrolyte geben die an gesinterten Proben aufgenommenen Leitfähigkeit-Sauerstoffdruck-Isothermen. Diese sind bei Temperaturen von 1000, 1200, 1400 und 1600°C und Sauerstoffdrücken der Atmosphäre zwischen 0,2 und 10^{-19} atm für ZrO_2 (+ 17% Y_2O_3) in Abb. 9, für ZrO_2 (+ 6% CaO) in Abb. 10 und für ThO_2 (+ 7% Y_2O_3) in Abb. 11 wiedergegeben. Die Meßergebnisse an ZrO_2-Y_2O_3- und ZrO_2-CaO-Elektrolyten lassen sich wegen ihrer großen Ähnlichkeit gemeinsam interpretieren. Die elektrische Leitfähigkeit ist für beide Elektrolyte unabhängig vom Sauerstoffpartialdruck der Gasatmosphäre und zeigt somit bei 1000°C zwischen 0,2 und 10^{-19} atm, bei 1200°C zwischen 0,2 und 10^{-16} atm, bei 1400°C zwischen 0,2 und 10^{-14} atm und bei 1600°C zwischen 0,2 und 10^{-13} atm eine überwiegende Ionenleitfähigkeit an. Eine spürbare Defektelektronenleitung ist bei einem Sauerstoffdruck von 0,2 atm noch nicht zu erkennen, während eine merkliche Elektronenleitung auch bei den angegebenen unteren Sauerstoffgrenzdrücken noch nicht aufzutreten scheint.

Die Leitfähigkeit-Sauerstoffdruck-Isothermen des ThO_2-Y_2O_3-Elektrolyten lassen bei mittleren und geringen Sauerstoffdrükken auf eine vorherrschende Ionenleitung schließen. Eine Einschränkung der Ionenleitfähigkeit deutet sich jedoch im Bereich höherer Sauerstoffpartialdrücke an, wo der Anstieg der Leitfähigkeit - in Übereinstimmung mit den für Temperaturen um 1000°C bereits vorliegenden Messungen (21 bis 24) - eine zunehmende Defektleitung vermuten läßt. Der kritische Sauerstoffpartialdruck einer spürbaren Defektleitung kann bei 1000 bis 1600°C mit etwa 10^{-4} angegeben werden.

Die Ergebnisse der Leitfähigkeitsmessungen zeigen, daß die an den Gaskonzentrationsketten beobachteten kritischen Sauerstoffdrücke der beginnenden EMK-Abweichungen (Abb. 6, 7 und 8) nicht die wahren unteren Grenzen der überwiegenden Sauerstoffionenleitung darstellen. Als Ursache der EMK-Abweichungen muß vielmehr - wie schon in Abschnitt 3 erläutert - der infolge eines steigenden Potentialgefälles zunehmende Transport von Sauerstoff durch den Festelektrolyten angesehen werden. Möglich ist dabei der Transport sowohl von atomarem Sauerstoff über Mikrorisse und Korngrenzen (25 bis 32) als auch von ionisiertm Sauerstoff (37, 38) infolge eines inneren Elektronenstroms in Festelektrolyten mit hoher elektrischer Gesamtleitfähigkeit. Die Diffusion von ionisiertem Sauerstoff ist besonders in den gut leitenden ZrO_2- und ThO_2-Elektrolyten in Betracht zu ziehen.

Die dargestellten EMK-Abweichungen sind damit zu erklären, daß der in den Innenraum der Zelle diffundierende Sauerstoff die vorgegebenen H_2O-H_2-Verhältnisse und somit das innere Sauerstoffpotential erhöht. Den gemessenen Zellspannungen wurden somit im Bereich der Abweichungen zu geringe Sauerstoffpartialdrücke $p_{O_2}{}^{H_2O,H_2}$ zugeordnet. Die Sauerstoffpartialdrücke der tatsächlich eingestellten H_2O-H_2-Gasgemische sollten den extrapolierten Geraden entsprechen.

Zusammenfassung

Feste Mischoxide aus $ZrO_2 + Y_2O_3$, $ZrO_2 + CaO$ und $ThO_2 + Y_2O_3$ haben sich als Festelektrolyte in Sauerstoffmeßzellen als besonders geeignet erwiesen. Von großer Bedeutung in der Schmelz-Metallurgie ist ihre Anwendbarkeit bei hohen Temperaturen und extrem niedrigen Sauerstoffpartialdrücken. In der vorliegenden Arbeit wird die Ionenleitfähigkeit der beschriebenen Mischoxide bei 1000 bis 1600°C und Sauerstoffpartialdrücken zwischen 0,2 und 10^{-19} atm anhand von zwei verschiedenen Meßverfahren nachgewiesen.

Eine überwiegende Ionenleitfähigkeit des Mischoxids liegt vor, wenn 1. die EMK einer Festelektrolytzelle der Beziehung $E = RT \ln (p_{O_2}{}^{I}/p_{O_2}{}^{II})/nF$ folgt bzw. 2. die elektrische Leitfähigkeit des Mischoxids unabhängig vom Sauerstoffpartialdruck der Gasatmosphäre ist.

Die Anwendung beider Meßverfahren erbrachte folgende Ergebnisse: Festelektrolyte aus ZrO_2 mit 17% Y_2O_3 und ZrO_2 mit 6% CaO sind bei 1000°C und Sauerstoffpartialdrücken zwischen 0,2 und 10^{-19}, bei 1600°C und Sauerstoffpartialdrücken zwischen 0,2 und 10^{-13} atm überwiegend ionenleitend. Die Grenzdrücke der Überschuß- und Defektelektronenleitung wurden durch diese Messungen noch nicht erfaßt.

Festelektrolyte aus ThO_2 mit 7% Y_2O_3 sind bei 1000°C und Sauerstoffpartialdrücken zwischen 10^{-4} und 10^{-19} atm, bei 1600°C und Sauerstoffpartialdrücken zwischen 10^{-4} und 10^{-13} atm überwiegende Ionenleiter. Eine zunehmende Defektelektronenleitung macht sich beim Überschreiten eines Sauerstoffpartialdruckes von 10^{-4} atm bemerkbar. Die Grenzdrücke der Überschußelektronenleitung wurden auch an dem ThO_2-Y_2O_3-Elektrolyten noch nicht erreicht.

Auf EMK-Verfälschungen an Sauerstoffmeßzellen infolge einer Diffusion von ionisiertem und nicht ionisiertem Sauerstoff durch den Festelektrolyten wird hingewiesen.

Literaturverzeichnis

(1) Nernst, W., Z. Elektrochem. 6 (1899), 41/43;
Nernst, W. und W. Wild, Z. Elektrochem. 7 (1900), 373.
(2) Strickler, D.W. und W.G. Carlson, J. Amer. Ceram. Soc. 47 (1964), 122/26.
(3) Casselton, R.E.W., Phys. stat. sol. (a) 2 (1970), 571/85.
(4) Fischer, W.A. und W.D. Oels, "Die Messung der Thermokraft und der elektrischen Leitfähigkeit an stabilisiertem Zirkonoxid bei Temperaturen bis 1750°C". Forschungsbericht des Landes NRW Nr. 2042, Westdeutscher Verlag Köln und Opladen, 1969.
(5) Hoffmann, A. und W.A. Fischer, Z. Phys. Chem. N.F. 35 (1962), 95/108.
(6) Kingery, W.D., Pappis, J., Doty, M.E. und D.C. Hill, J. Amer. Ceram. Soc. 42 (1959), 393/98.
(7) Dixon, J.M., La Grange, L.D., Merten, U., Miller, C.F. und J.T. Porter, J. Electrochem. Soc. 110 (1963), 276/80.
(8) Tien, T.Y., J. Amer. Ceram. Soc. 47 (1964), 430/33.
(9) Subbarao, E.C., Sutter, P.H. und J. Hrizo, J. Amer. Ceram. Soc. 48 (1965), 443/46.
(10) Wimmer, J.M., Bidwell, L.R. und N.M. Tallan, J. Amer. Ceram. Soc. 50 (1967), 198/201.
(11) Bose, E., Ann. Phys. 9 (1902), 164.
(12) Weininger, J.L. und P.D. Zemany, J. Chem. Phys. 22 (1954), 1469.
(13) Wagner, C., Naturwissenschaften 31 (1943), 265.
(14) Möbius, H.H., Witzmann, H. und D. Gerlach, Z. Chem. 4 (1964), 154.
(15) Schmalzried, H., Z. Elektrochem. 66 (1962), 572.
(16) Hund, F., Z. Elektrochem. angew. physik. Chem. 55 (1951), 363.
(17) Hund, F., Z. Phys. Chem. 199 (1952), 142/51.
(18) Hund, F. und R. Mezger, Z. Phys. Chem. 201 (1952), 268.
(19) Baukal, W. und R. Scheidegger, Ber. Dtsch. Keram. Ges. 45 (1968), 610/16.
(20) Wagner, C., Z. phys. Chem. Abt. B 21 (1933), 25.
(21) Steele, B.C.H. und C.B. Alcock, Trans. Met. Soc. AIME 233 (1965), 1359/67.
(22) Rapp, R.A., "Mixed Conduction in Solid Oxide Electrolytes", Thermodynamics of Nuclear Materials, International Atomic Energy Agency, Vienna, 1968, S. 559/85.
(23) Lasker, M.F. und R.A. Rapp, Z. Phys. Chem. N.F. 49, 3/5 (1966), S. 198/221.
(24) Bauerle, J.E., J. Chem. Phys. 45 (1966), S. 4162/66.
(25) Kiukkola, K. und C. Wagner, J. Electrochem. Soc. 104 (1957), 308.
(26) Schmalzried, H., Z. Phys. Chem. N.F. 38 (1963), 87.
(27) Möbius, H.H. und R. Hartung, Silikattechnik 16 (1965), 276.
(28) Ullmann, H., Z. Phys. Chem. 237 (1968), 71.
(29) Ullmann, H., Naumann, D. und W. Burk, Z. Phys. Chem. 237 (1968), 337.
(30) Hartung, R. und H.H. Möbius, Z. Phys. Chem. 243 (1970), 1/2, 133/38.
(31) Fischer, W.A. und D. Janke, Arch. Eisenhüttenwes. 41 (1970), 1027/33.
(32) Fischer, W.A. und G. Pateisky, "Elektrochemische Messungen an Inertgas-Sauerstoffgemischen", Forschungsbericht des Landes NRW Nr. 2154, Westdeutscher Verlag Köln und Opladen, 1970.
(33) Fischer, W.A. und D. Janke, Arch. Eisenhüttenwes. 40 (1969), 707/16.

(34) Fischer, W.A. und D. Janke, Arch. Eisenhüttenwes. 39 (1968), 89/99.
(35) Fischer, W.A. und D. Janke, Arch. Eisenhüttenwes. 37 (1966), 963/70.
(36) Zielinski, K., Dr.-Ing. Dissertation, TH Aachen, 1971.
(37) Weißbart, J. und R. Ruka, Fuel Cells 2 (1963), 37/49.
(38) Cerkasov, P.A., Pieper, C.H. und W.A. Fischer, Arch. Eisenhüttenwes., demnächst.

Verwendete Formelzeichen

O|O|	Sauerstoffion auf einem Sauerstoff-Gitterplatz
|O|¨	Sauerstoffionenleerstelle
Y|Zr|'	Yttriumion auf einem Zirkongitterplatz
Ca|Zr|"	Kalziumion auf einem Zirkongitterplatz
Y|Th|'	Yttriumion auf einem Thoriumgitterplatz
e'	Elektron
|e|•	Defektelektron
E	Zellspannung in Volt
R	Gaskonstante (1.9865 cal grd^{-1} Mol^{-1})
T	Temperatur in Grad Kelvin
F	Faraday-Konstante (23066 cal $Volt^{-1}$ Mol^{-1})
p_{O_2}	Sauerstoffpartialdruck in atm
t_{Ion}	Überführungszahl der Ionen
κ	elektrische Leitfähigkeit in Ohm^{-1} cm^{-1}
R	elektrischer Widerstand in Ohm
l	Probenlänge in cm
q	Probenquerschnitt in cm^2

Abbildungen

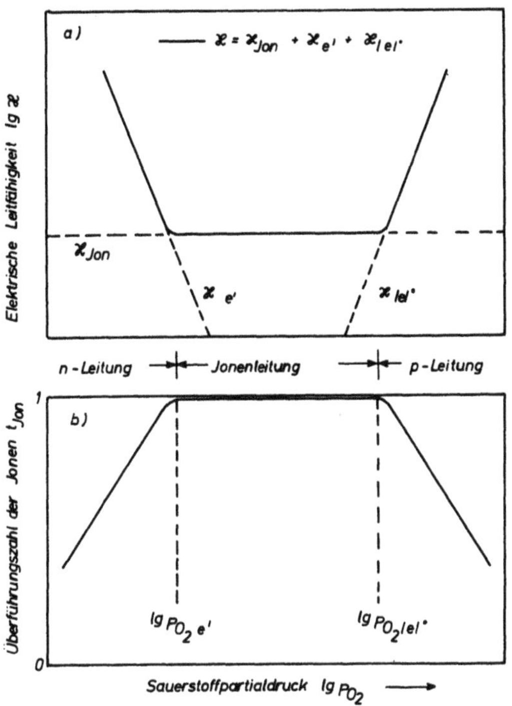

Abb. 1: Elektrische Leitfähigkeit und Überführungszahl der Ionen in Abhängigkeit vom Sauerstoffpartialdruck der Atmosphäre für ionenleitende feste Oxyde.

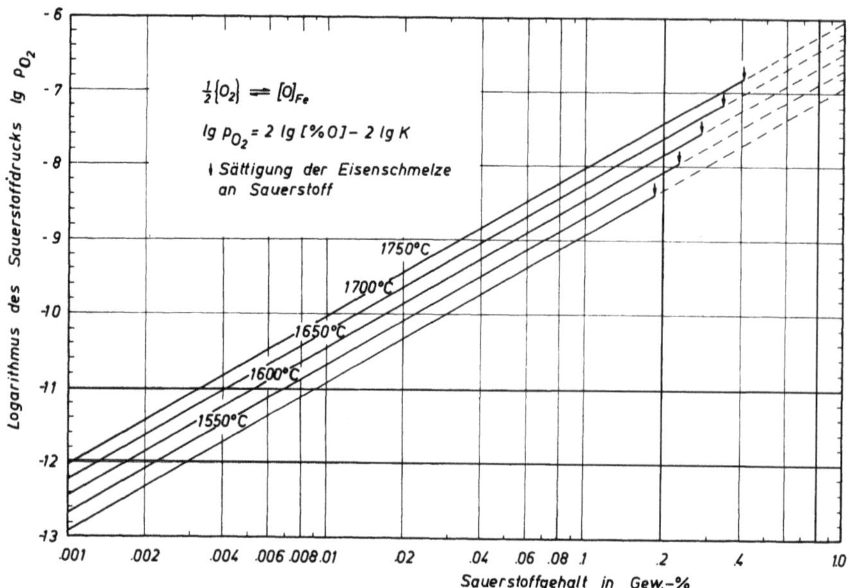

Abb. 2: Der elektrochemisch ermittelte Sauerstoffpartialdruck in Eisenschmelzen in Abhängigkeit vom Sauerstoffgehalt bei 1550 bis 1750°C [7].

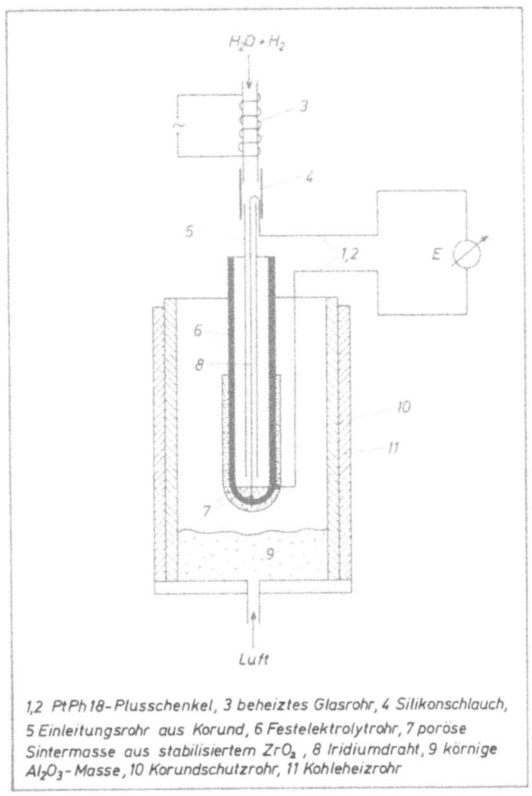

1,2 PtPh 18-Plusschenkel, 3 beheiztes Glasrohr, 4 Silikonschlauch, 5 Einleitungsrohr aus Korund, 6 Festelektrolytrohr, 7 poröse Sintermasse aus stabilisiertem ZrO_2, 8 Iridiumdraht, 9 körnige Al_2O_3-Masse, 10 Korundschutzrohr, 11 Kohleheizrohr

Abb. 3: Schematische Anordnung zur EMK-Messung an der Sauerstoffkette Pt-Luft / Festelektrolyt / H_2O, H_2-Ir.

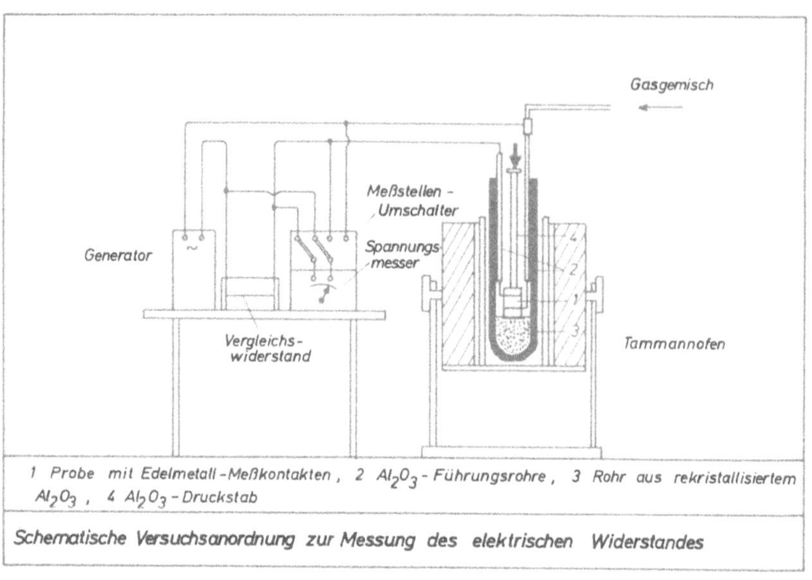

Abb. 4: Schematische Anordnung zur EMK-Messung des elektrischen Widerstandes.

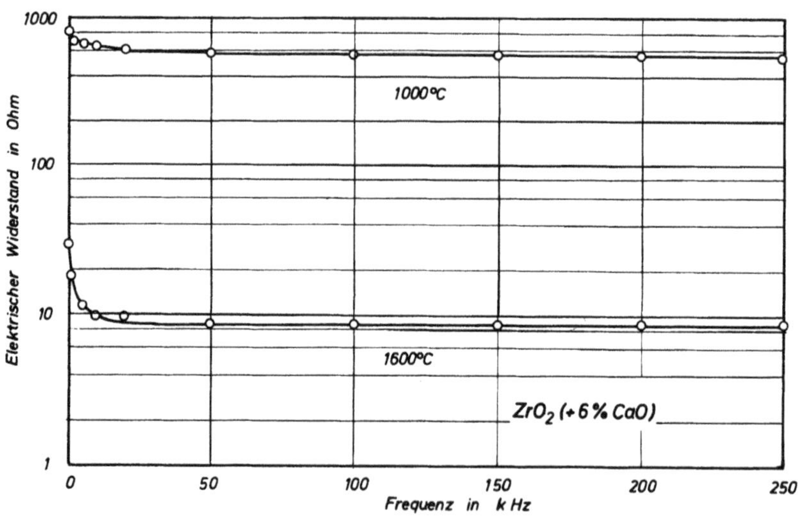

Abb. 5: Die Frequenzabhängigkeit des elektrischen Widerstandes einer ZrO_2-CaO-Probe zwischen zwei PtRh-Blechen bei 1000 und 1600°C.

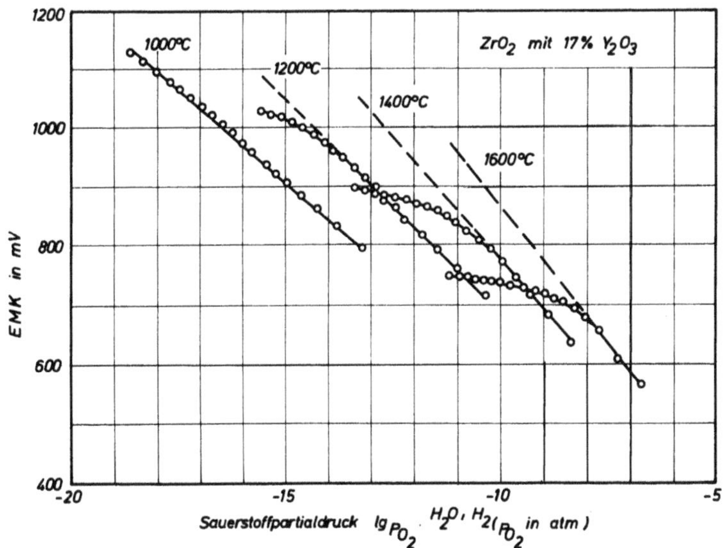

Abb. 6: Die EMK der Sauerstoffkonzentrationskette PtRh-Luft / ZrO_2 (+ 17% Y_2O_3) / H_2O, H_2-Ir in Abhängigkeit vom Sauerstoffpartialdruck $P_{O_2}(H_2O, H_2)$

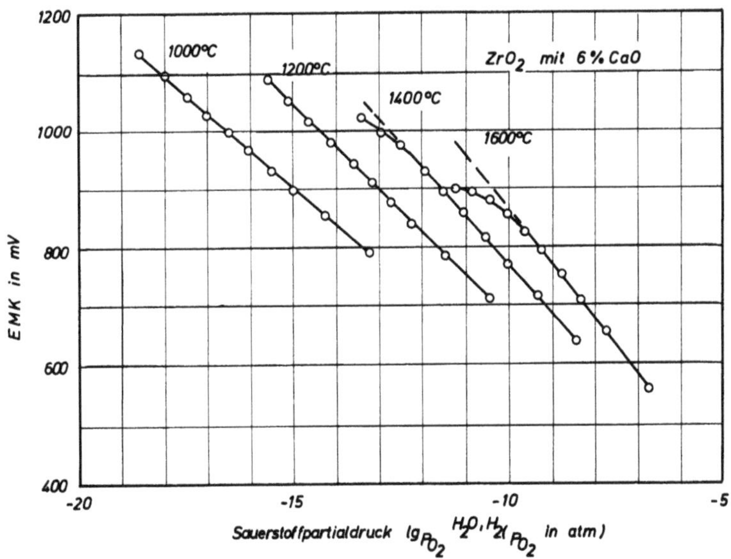

Abb. 7: Die EMK der Sauerstoffkonzentrationskette PtRh-Luft / ZrO_2 (+ 6% CaO) / H_2O, H_2-Ir in Abhängigkeit vom Sauerstoffpartialdruck $P_{O_2}(H_2O, H_2)$

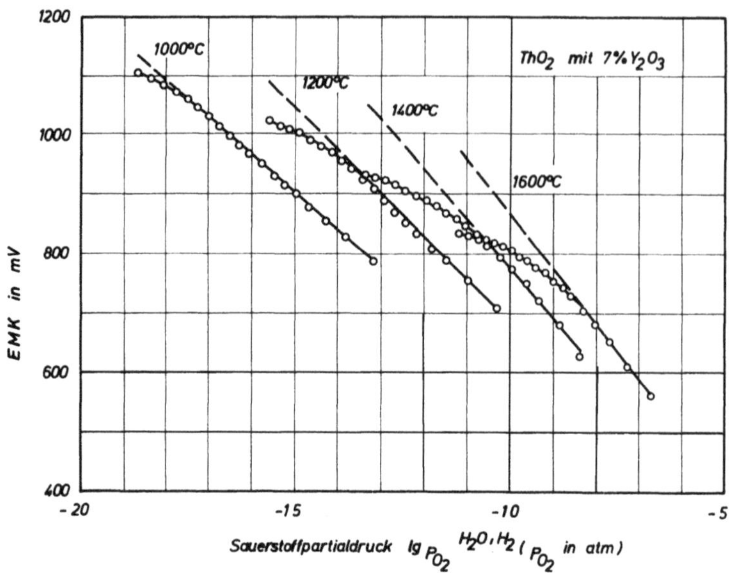

Abb. 8: Die EMK der Sauerstoffkonzentrationskette PtRh-Luft / ThO_2 (+ 7% Y_2O_3) / H_2O, H_2-Ir in Abhängigkeit vom Sauerstoffpartialdruck $P_{O_2}(H_2O, H_2)$

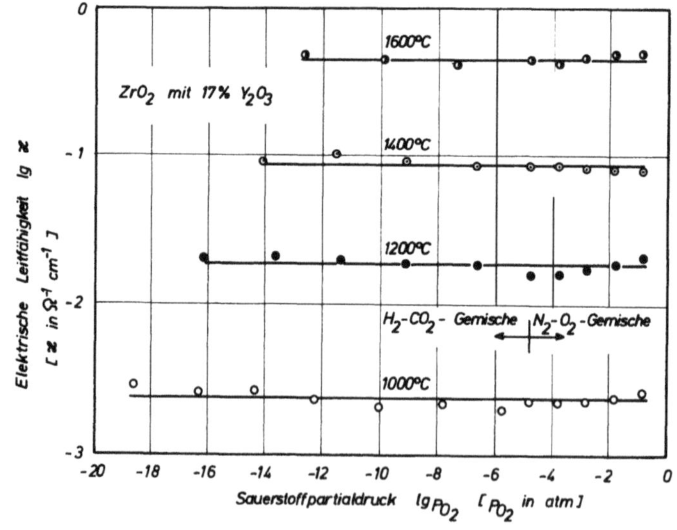

Abb. 9: Die elektrische Leitfähigkeit von ZrO_2 mit 17% Y_2O_3 in Abhängigkeit vom Sauerstoffpartialdruck der Gasatmosphäre.

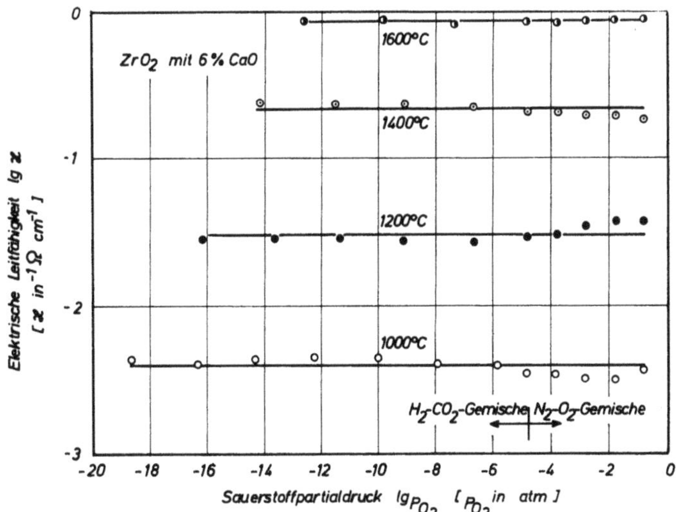

Abb. 10: Die elektrische Leitfähigkeit von ZrO_2 mit 6% CaO in Abhängigkeit vom Sauerstoffpartialdruck der Gasatmosphäre.

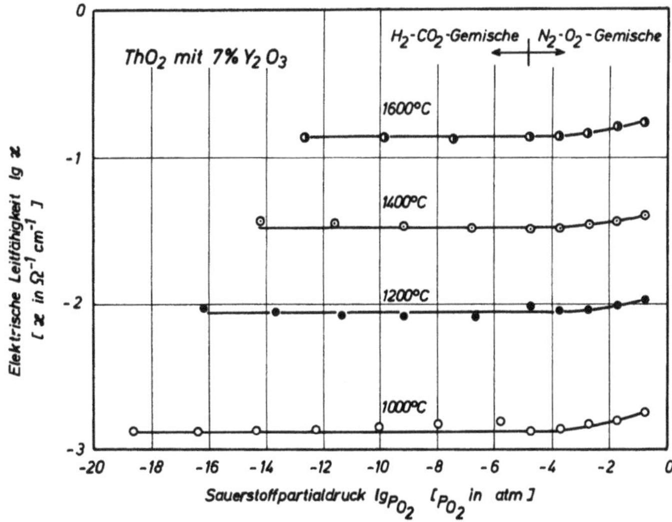

Abb. 11: Die elektrische Leitfähigkeit von ThO_2 mit 7% Y_2O_3 in Abhängigkeit vom Sauerstoffpartialdruck der Gasatmosphäre.

Forschungsberichte des Landes Nordrhein-Westfalen

Herausgegeben im Auftrage des Ministerpräsidenten Heinz Kühn
vom Minister für Wissenschaft und Forschung Johannes Rau

Sachgruppenverzeichnis

Acetylen · Schweißtechnik

Acetylene · Welding gracitice
Acétylène · Technique du soudage
Acetileno · Técnica de la soldadura
Ацетилен и техника сварки

Arbeitswissenschaft

Labor science
Science du travail
Trabajo científico
Вопросы трудового процесса

Bau · Steine · Erden

Constructure · Construction material · Soilresearch
Construction · Matériaux de construction · Recherche souterraine
La construcción · Materiales de construcción · Reconocimiento del suelo
Строительство и строительные материалы

Bergbau

Mining
Exploitation des mines
Minería
Горное дело

Biologie

Biology
Biologie
Biologia
Биология

Chemie

Chemistry
Chimie
Quimica
Химия

Druck · Farbe · Papier · Photographie

Printing · Color · Paper · Photography
Imprimerie · Couleur · Papier · Photographie
Artes gráficas · Color · Papel · Fotografía
Типография · Краски · Бумага · Фотография

Eisenverarbeitende Industrie

Metal working industry
Industrie du fer
Industria del hierro
Металлообработывающая промышленность

Elektrotechnik · Optik

Electrotechnology · Optics
Electrotechnique · Optique
Electrotécnica · Optica
Электротехника и оптика

Energiewirtschaft

Power economy
Energie
Energía
Энергетическое хозяйство

Fahrzeugbau · Gasmotoren

Vehicle construction · Engines
Construction de véhicules · Moteurs
Construcción de vehículos · Motores
Производство транспортных средств

Fertigung

Fabrication
Fabrication
Fabricación
Производство

Funktechnik · Astronomie

Radio engineering · Astronomy
Radiotechnique · Astronomie
Radiotécnica · Astronomía
Радиотехника и астрономия

Gaswirtschaft
Gas economy
Gaz
Gas
Газовое хозяйство

Holzbearbeitung
Wood working
Travail du bois
Trabajo de la madera
Деревообработка

Hüttenwesen · Werkstoffkunde
Metallurgy · Materials research
Métallurgie · Matériaux
Metalurgia · Materiales
Металлургия и материаловедение

Kunststoffe
Plastics
Plastiques
Plásticos
Пластмассы

Luftfahrt · Flugwissenschaft
Aeronautics · Aviation
Aéronautique · Aviation
Aeronáutica · Aviación
Авиация

Luftreinhaltung
Air-cleaning
Purification de l'air
Purificación del aire
Очищение воздуха

Maschinenbau
Machinery
Construction mécanique
Construcción de máquinas
Машиностроительство

Mathematik
Mathematics
Mathématiques
Matemáticas
Математика

Medizin · Pharmakologie
Medicine · Pharmacology
Médecine · Pharmacologie
Medicina · Farmacología
Медицина и фармакология

NE-Metalle
Non-ferrous metal
Metal non ferreux
Metal no ferroso
Цветные металлы

Physik
Physics
Physique
Física
Физика

Rationalisierung
Rationalizing
Rationalisation
Racionalización
Рационализация

Schall · Ultraschall
Sound · Ultrasonics
Son · Ultra-son
Sonido · Ultrasónico
Звук и ультразвук

Schiffahrt
Navigation
Navigation
Navegación
Судоходство

Textilforschung
Textile research
Textiles
Textil
Вопросы текстильной промышленности

Turbinen
Turbines
Turbines
Turbinas
Турбины

Verkehr
Traffic
Trafic
Tráfico
Транспорт

Wirtschaftswissenschaften
Political economy
Economie politique
Ciencias económicas
Экономические науки

Einzelverzeichnis der Sachgruppen bitte anfordern

Westdeutscher Verlag · Opladen
567 Opladen/Rhld., Ophovener Straße 1–3, Postfach 1620

GPSR Compliance
The European Union's (EU) General Product Safety Regulation (GPSR) is a set of rules that requires consumer products to be safe and our obligations to ensure this.

If you have any concerns about our products, you can contact us on

ProductSafety@springernature.com

In case Publisher is established outside the EU, the EU authorized representative is:

Springer Nature Customer Service Center GmbH
Europaplatz 3
69115 Heidelberg, Germany

www.ingramcontent.com/pod-product-compliance
Ingram Content Group UK Ltd.
Pitfield, Milton Keynes, MK11 3LW, UK
UKHW061701190726
13853UKWH00008B/2330

* 9 7 8 3 5 3 1 0 2 2 8 9 5 *